日本車の明るい進化論

# クルマニホン人

松本英雄
Matsumoto Hideo

# まえがき

日本の自動車産業は、戦後の復興に大きな役割を果たしたのではないでしょうか。現在でも日本の大切な基幹産業だと思います。しかしここ10年、その自動車産業を振り返ってみると、私は危機感を覚えずにはいられません。

違った言い方をすれば、それは日本の〝モノづくり〟に陰りが見えるような気がするのです。

「日本車は壊れない」といわれたのは、もう何十年も前の話。

壊れないということは、維持費が少なく、安心して乗っていられるということです。その高いクオリティ、はたまたコストパフォーマンスを支えてきた理由のひとつは、日本が培ってきた技術力です。その技術力は、いまや〝Made in Japan〟という名のブランドに昇華し、世界中の人が知るところとなりました。

ところが現在、〝Made in Japan〟の魅力だけでは、人々は振り向かなくなってきました。

日本の技術（製品）は世界中のあちこちに伝播し、容易に入手可能となりました。さらには、日本と変わらない品質を維持しながらも、驚くほど低コストで〝モノづくり〞する国や企業も出現しています。

日本の自動車産業は、そして日本は、このままでだいじょうぶでしょうか。

２０１１年３月11日、東日本大震災がおきました。日を追うごとに、東北の自動車産業が甚大な被害を受けていることが判明しました。自動車産業に限らず、復興への道のりがたやすいものでないことは、想像に難くありません。

しかし誤解を恐れずに申し上げると、私は日本の自動車産業全体にとって、いまここが、リスタートすべきタイミングだと思っています。

戦後、急成長を遂げた日本の自動車産業は、いまにして思えば、日本人ならではの優れた資質によって支えられた側面があるのではないでしょうか。

たしかに、〝モノマネニッポン〞と欧米から批判されたこともありました。しかし、日本の産業は単なるデッドコピーはしませんでした。デッドコピーに未来がないことは、多くの日本人は気がついていたはずです。見習う、参考にする、もしくはコピーするから一歩踏み込んだ、日本人なりの〝改善〟が進歩を生んだのだと思うのです。列強の自動車先進国と戦いながら、日本を世界屈指の自動車産業大国に成長させた人々の英知がそこにあったのではないでしょうか。

資金がなくても、資源がなくても、なければないなりに工夫して生み出してきた、日本のエンジニアたちの力を私は尊敬しています。今日においてもその伝統は継承され、技術者たちの創意や工夫が、日々新たなものを生み出していると感じています。

書名『クルマニホン人』はいつものように軽い洒落ですが、中身は決して軽くなく、日本車のために、ひいては日本のために真摯に記しました。

なかには、日本車に手厳しい内容もありますが、もちろん愛の鞭です。一教師として、一テクノロジーライターとして、そして一クルマ好きとして、日本の自動車産業を見つめ直してみました。

構想段階ではかなり辛辣な本になるのではないかと、自分もまわりも心配していましたが、意外や意外、「ニホン車って、いいとこがたくさんあるなあ、さすがだなあ」と、改めて感心させられました。

ニホンを愛し、ニホンのクルマを愛する人のことを、リスペクトを込めて、「クルマニホン人」と私が勝手に命名しました。

良くも悪くも、愛すべきニホン車（人）のエピソードが詰まった本です。最後までお付き合いいただければ幸いです。

目次

二章

## 日本車の伝統

復活のヒントは過去の名車にあり

### PART❶ 1950～'70年代

## 三章 日本車の伝統

国産の伝説はまだ現役で走っている

PART❷ 1980〜'90年代

## 四章　日本車の底力

未来への扉はすでに開いている

一章

# 日本車の危機

復活へのシナリオは〝今〟の検証から

## 誰にでもわかる〝善し悪し〟

出鼻から手厳しい話で恐縮ですが、最近の日本車のデザイン、私としてはどうにも納得がいきません。

各自動車メーカーは３次元立体ＣＡＤを駆使しながら、スケッチを立体的なデザインに起こしていますが、デザインそのものを〝練り込んでいく〟時間は、十分に足りているでしょうか。そして、本来持っている高度な技術を使わずに、クルマをつくってはいないでしょうか。

以前、「デザインから製造までの時間が短縮されている」と、誇らしげに語るメーカーの弁を聞いたこともあります。〝効率〟や〝コスト〟の面では、たしかにいいことなのでしょう。もちろん、コンピュータを使うのは悪いことではありません。

しかし、それがゆえに〝安直〟なデザインに陥ってはいないでしょうか。

たとえば、大衆車と高級車のデザインには、明確なヒエラルキーというか、棲み分けが必要です。なんでもかんでも時間と手間をかける必要はないし、大衆車に高級スポーツカーのような凝ったつくりは必要ないと思います。

大衆車なら、わかりやすい線と面で構成されているほうがいい。なにしろ、金型が安く済む。大衆車であるにもかかわらず、中途半端に〝高級な〟要素を取り入れようとすると、バランスの悪い〝出で立ち〟になる。

その点、日本のメーカーは、いい意味で〝高級チック〟な大衆車をつくらせれば、世界一でしょう。四隅のクォーターパネルに抑揚を持たせ、絶妙なボリュームを出す技術などはさすがだなと感じます。

ところが日本車のなかには広い平らな面が、安易なプレスラインでつくられ、クルマ全体のフォルムが台無しになっているものがあります。実は、広くて平らな面ほど高度な金型技術が求められますが、その高度な技術を日本（メーカー）は持っているのです。しかし、その技術を使わずにクルマをつくることがあるのは、実に残念でなりません。

これは誰が見てもすぐにわかることです。そのクルマを見て〝ぽてっ〟としている、〝ぼやっ〟としているように見えるようでは、やはりそのクルマのスタイリングは褒められるべきものではないと思います。たしかな金型が使われていれば、クルマはもっとシャープに見えるはずなのです。

## いいデザインと、いい技術

たとえば、マツダがつくるデミオのフォルムは見事です。マツダという会社は歴史的にヨーロッパで鍛え抜かれたメーカーであることが関係しているのかもしれませんが、デミオに限らず、〝マツダブランド〟として全体の統一感がうまく演出されています。

近年、小型車はモデルチェンジごとに、サイズが大きくなる傾向にあったのですが、デミオは現行モデルである2007年のフルモデルチェンジで、車体を小さく仕上げてきました。とても意欲的な試みだと思いますし、その狙いがきちんとデザインにも反映されています。小さく、塊感のあるスタイリングを持った、いい小型車です。

一方、残念なのが現行のニッサン・マーチです。先代、先々代と優れたデザインのクルマだっただけに、余計に惜しい気がします。

これは私が推察するに、クルマの組み立てをさまざまな国で行うことに苦慮した結果ではないでしょうか。コンパクトなタイプのクルマをシャープに見せるためには、やはりデザインと金型技術が大切です。

けれども、あまりにも隙のないデザインにすると、生産が難しくなるケースがあります。あの工場ではつくれるけれど、この工場ではつくるのに時間がかかるというのでは、メーカーとしてやっていけないからです。

短時間で大量に生産することが求められる小型大衆車ですが、そうしたコストと、美しく見せるための技術をどうバランスよくとるかが、自動車メーカーの技の見せどころだと思います。たとえば、フォルクスワーゲンのクルマは、ドイツはもちろん、中国でもブラジルでもメキシコでもつくられていますが、つくる場所（工場）に依存して、クルマ自体のつくりが変わるようなことはありません。

ただし、これは生産ラインの構築の仕方が、欧州のメーカーと日本のメーカーでは違うことも要因のひとつでしょう。欧州のメーカーは、新しいクルマをつくるごとに、生産ラインを新しくするので、新車に合わせていかようにでもラインをつくることができます。

一方、日本は古い（それまで使っていた）ラインを改良して、新しいクルマを生産します。私は、この点は本当に日本のすごいところだと思います。海外の技術者も、日本のその改良して使い続けている実態を見て、心底驚くといいます。

私としては古いラインを使い続けながらも、クオリティを落とさずに生み出す方法をなんとか編み出してほしいと願っています（実際、そういう工場はいくらでもあります）。

## 日本車のデザインの不思議

トヨタというメーカーは、たとえ小型車（大衆車）であっても重厚感あるスタイルをつくり出すのがうまいですね。さらには、レクサスのＬＳのデザインとそれを実現した金型技術は、本当にすごいと思います。

しかし、あえて厳しい見方をすれば、素晴らしいクルマは数が限られていて、すごい技術を持っているのに、その技術が使われていないクルマも数多くあるようです。

ボディが大きくなればなるほど、その金型の善し悪しが如実に表出します。たとえば、広い面積は立ち上がりの曲面を細かく表現することによって、〝デザインの厚み〟が増すといったことがあります。その厚みが〝高級感〟や〝上質感〟を生み出します。

しかし、すべての面に十分な時間と労力はかけられないので、適材適所で〝高級感〟の要素をちりばめる必要があります。

具体的な例を挙げると、エンジンフード（ボンネット）がわかりやすいでしょう。

フロント部が厚ぼったいデザインになる理由は、歩行者保護によるレギュレーションという面もありますが、ヨーロッパ（ドイツ）車のミディアムアッパーセグメントの場合、その厚ぼったくなる部分を、曲面とシャープなラインを上手に融合させることで、すっきりとした造形に仕上げています。実際には厚みのあるフロント部分を、薄くシャープなローフードに見せているのです。

クルマのデザインには約束事というか、鉄則のようなものがあって、それを守っていると、特にクルマ好きには好まれるというものがあります。それは、車体が〝低く見える〟とか、タイヤが〝大きく見える〟とかといったデザインです。

〝低く〟や〝大きく〟といっても、実際に低く、大きい必要はありません。そう感じさせられれば、いいのです。

どうやら、日本のメーカーは〝感じさせる〟のが苦手なようですし、やはり生産の現場で「そんなつくりにしたら工程が多くなるんじゃないか？」とか、「工程がきつくなるんじゃないか？」とかといった心配もあるようです。

実は日本車のデザインを見ていて、いつも不思議だなと思うことがあります。なぜ日本のクルマはカタログではよく見えるのに、実物だと……。

近年、自動車のデザインの世界では「エモーショナル」という言葉よく使われます。私が思うに、日本のクルマは停まっている（カタログのなかにいる）ときにエモーショナルを、外国車は走っているときにエモーショナルを感じるようなデザインになっているのではないでしょうか⁉

もちろん、日本車にも「エモーショナル」な点において好例はあって、日産のジュークはとてもユニークな造形です。ボリューム感のある、躍動感のあるスタイリングで、そこには俗っぽい〝安さ〟も〝高級さ〟もありません。

発売してすぐに人気が出たこともうなずけますし、やはりユーザーの目はたしかなのだと思います。中途半端なものをつくったら、誰も振り向いてくれないのです。

## ボンネットでクルマの志がわかる

批判を覚悟で話しますと、日本のメーカーが手を抜く代表的な部分がボンネットです。本当にがっかりしてしまいます。

ボンネットの裏側のプレスで打ち抜いた穴をよく見れば、つくりの粗さに気がつくはずです（逆につくりが丁寧であればいいクルマです）。指で触るとガサガサと引っかかりがあります。〝バリ〟が出たまま、さっと磨いた程度で塗装をして出荷されているからです。

このあたりの仕上げは「ユーザーも気がつかないだろう」と高を括っているのでしょうか。見えないから、気がつかないから、コストをかけなくてもいいという発想は、モノづくりの根底を揺るがす、危険な考え方ではないでしょうか。

百歩譲って大衆車はよしとしましょう。しかし、高級車を謳うクルマで、そんな仕上げは、やはりどうかと思います。

ボンネットをさらに注意深くみると、ボンネットの縁の部分でも同じようなことがいえます。たとえば曲げ加工が滑らかでなく、やはり雑なつくりになっています。日本という国は、金型の技術では世界をリードしています。それなのにこのお粗末なつくり。工程を減らすことを目的としているのかもしれませんが、見える部分だけ、わかりやすい部分だけの見栄えを〝高級〟で装っていては、欧州車に太刀打ちできないと思います。

ボンネットについてもうひとつ言うと、外側のデザイン鋼板と内側の骨格鋼板を接合する際に、接着材を使用するのですが、最近ではリベットを使うところも多いようです。この部分はマスチック接着剤というガム状の樹脂を塗って合わせますが、こういったところももっとキレイに処理してほしいと願っています。実際、粘土のようなものが飛び出ているクルマがけっこうあります。何度も述べているように、モノづくりの姿勢として、〝裏はどうでもいい〟という感じが丸出しになっていると思えてならないのです。

具体的にどれとは申しませんが、たしかにそんな粗いつくりでも、売れているクルマはあります。しかし、そこに照準を合わせるのは、私は間違っていると思います。

欧州車、なかでもドイツのフォルクスワーゲングループのクルマは、念入りなバリ取りを行っています。塗装もしっかりとされていて、開閉しなければ見えない部分にも心遣いが行き届いています。ボンネットを見れば、触れば、すぐにわかります。

## モールディングが苦手

クルマのモールディングは、高級な雰囲気やゴージャス感を演出する大切なエクステリアのパーツのひとつです。しかしそれは諸刃の剣でもあり、使い方を間違うとクルマが貧相に見えてしまいます。なんとも、扱いの難しい〝光モノ〟です。一概にはいえませんが、日本車はこのモールが苦手。なんだか〝安い〟雰囲気のモールになってしまうようです。目の肥えている日本のユーザーには、そのレベルでは通用しないのではと心配になります。

お粗末なつくりのモールは、たとえば端の処理が甘い。端の部分にプレスをかけてきれいに処理していれば問題ないのですが、国産車のなかにはこの部分の処理を省き、樹脂の蓋で目隠しして、ごまかしているものもあります。残念ですね。

なぜ〝蓋〟でごまかすかというと、一本物のモールをサイズに合わせ、切るだけですむからでしょう。切ったあとでその端を処理するよりは、樹脂をぽんっとかぶせたほうが簡単だからです。もちろん、コストも安い。

私が知る限り、モールのつくりが完璧なのは、国産車ではレクサスのＬＳです。ヨーロッパのメーカーではフォルクスワーゲンがちゃんとやっている。フォルクスワーゲンのモールディングのクオリティは、大衆車のなかでは群を抜いていると思います。磨き自体は普通のレベルですが、モールを切って蓋をするのではなく、ちゃんと型をつくりエンド処理をキレイにしています。

最後にもうひとつモールディング関係の話をすると、ドア上部のモールとボディのルーフが密接しているほど、そのクルマのつくりは良いといえます。隙間が大きいクルマは、そこにボディ色、隙間の黒、モールの銀と3層の色が出現し、美しくありません。

## どうして剛性感が出せないのか

大げさにいうと、クルマの善し悪しはドアを開けた瞬間と、閉めた瞬間にわかります。

ドアを開けると、Ｂピラーが目に入ってきます。Ｂピラーは、機能としては何より強度が必要とされるパーツですが、機能面だけでなく、見た目にもこだわっているのがフォルクスワーゲンです（章の始まりから、フォルクスワーゲンばかり褒めていますが、大衆車をつくらせたら本当に天下一品だからで、他意はありません）。

フォルクスワーゲンは、このＢピラーをプレスで造形しながら熱処理する「非調質鋼」という素材を使い、熱を加えながら加工する方法で、高い強度を生み出しています。

一方、国産車はプレスにエンボス加工を入れ、強度を出しています。強度的にはそれで問題ないのですが、エンボス加工を鋼鈑に入れると、見た目が美しくないのです。

同じような例を挙げると、日本の自動車メーカーはスポット溶接を使います。スポット溶接は鉄板同士を重ね、一点に圧力を加えながら、電気を流して圧力を加えたところのみを溶かして接合する方法です。クルマのボディをつくる工程ではもっともポピュラーな接合方法です。しかし、これもまたポチポチと痕がつき、美的にはＮＧです。

フォルクスワーゲンではレーザー溶接を使っています。端的にいうと、レーザー溶接はスポット溶接よりも、強度及び美点において格段に優れる溶接方法です。

もちろん、日本にもその技術はあります。おそらくコストの関係で、あまり使わないのだと推察されます。私としては、そこをケチるのかと思ってしまいますが……。

ドアを閉めた瞬間のことは、ちょっとクルマに詳しいみなさんなら、おわかりだと思います。ドアをドンッと閉めたときに、剛性感を感じさせることが日本のメーカーは苦手です。なぜ、そこに剛性感（重厚感）なるものが必要かといえば、ドアを閉めた瞬間、剛性感のあるクルマは、乗る人に「ちゃんと守られている」という安心感を与えるからです。ドアがペラペラで、閉めてもカシャッとちゃちな感触の場合、「このクルマ、だいじょうぶかよ」と、人は不安になります。

日本のエンジニアたちと話をすると、彼らはドアを閉めたときの剛性感に関しては重々承知していて、「うちも、やりたいよ」とこぼしています。つまり、欧州車に負けない剛性感を出したいし、出す自信はあるけれど、そこにコストがかけられないということなのです。

日本車のなかで、ドアを閉めた瞬間「いいなあ」と思わせるクルマはトヨタのクラウンです。クラウンのすごいところは、ドイツ車が示す重厚感とはまた別の世界をつくり出していることにあります。

その世界観をひと言でいうと〝包まれる〟です。感覚的にいうと、ふわりとやさしく身を包んでもらっているようで、ドイツ車とは違った安心感があります。日本には風呂敷という文化があります。風呂敷はやわらかく、しなやかに物を包みます。そうした日本の伝統を感じさせる何かが、クラウンには潜んでいます。

ちなみに、現行のトヨタ・ヴィッツが登場したときは、正直驚きました。重厚感とまではいきませんが、ドアを閉めたときのシャキッとした、ゆがみを感じさせない〝デキ〟は、ひとクラス上のクルマのようでした。

## 〝ホンモノ〟に迫る気配り

では、そろそろ車内に入ってみましょう。

さきほどは、日産にちょっと厳しいものいいをしてしまいましたが、近年の日産がつくるクルマのシートは、とてもレベルが高いようです。

ひところの国産車は、おしなべてシートのできがひどかったですね。

日産はルノーとの提携が功を奏したのかもしれません。椅子に座るという習慣がなかった日本では、椅子をつくりはじめてせいぜい100年ちょっとです。日本のメーカーは、西洋的な概念の座るという行為を受け止める道具をつくるのが、苦手だったという側面はあるでしょう。日産はルノーとの提携で、よりグローバルなクルマづくりが求められるようになりました。そのクルマづくりの思想の一端が、たとえばストロークが十分にあり、ホールド感もある、しっかりとしたシートに表れていると私は思うのです。

日産車のなかで具体的な車名をあげると、エクストレイルのシートは抜群のできです。日産のクルマは、このエクストレイルあたりからインテリアが、がらりとよくなったように思います。特に手で触れたときの質感がいい。

素材という点では、大衆車ではインテリアに使われる素材の多くが、コストの関係上、樹脂になります。高級車のように革を使えませんから。

そこで近年、登場してきたのがスラッシュ加工された樹脂。いってみればプラスチックのような素材なのですが、触るとちょっと柔らかいのです。

たしかに、革のような〝ボンモノ〟ではないけれども、それに代わる何かを開発する日本のメーカーはさすがだと、私は思います。

さらには、ドアを開閉するときに手を入れるドアの取っ手の穴の中も、指が触れたときのことを考慮して、樹脂が加工されていることがあり、よくそこまで気が回るなあと感心します。イタリアの高級車の場合、そこにバックスキンが貼られているのです。高級車なら当然の仕様かもしれませんが、大衆車でもそういった心配りをする日本車は、さすがだと思います。

## エンジンは見た目が9割

さて、そろそろクルマの心臓部、エンジンの話に移っていきます。エンジンというとパワーだとか、トルクだとかといった話になりますが、まずはその〝見た目〟から。

ボンネットを開けると、がっかりさせられる日本車が少なからずあります。

最近は、ボンネットを開けるユーザーがめっきり少なくなったようですね。だからというわけではないでしょうが、エンジンルームのデザインがいいかげんなクルマが、日本車に多いのはなぜでしょうか。たしかに、海外の高級スポーツカーのエンジンルームは惚れ惚れするほど美しい。しかし、大衆車であっても多くの欧州車のエンジンルームはデザインされている。ひるがえって、日本車は、というとデザインされていないのです。

これが単なる〝見た目〟の話だけにとどまらないから、クルマはとってもおもしろいのです。見た目がだめなエンジンルームのクルマは、走ってもやっぱり〝サエない〟のです。たとえば、それは音にも表れます。エンジン音はドライバーにある種の高揚感をもたらします。ところがだめなエンジンは〝ざわついた〟、〝薄っぺらい〟音がします。重厚感とは対極にある音です。

性能がちゃんと出ていれば、見た目なんてどうでもいいという人もいます。開発者のなかには、「スペックでは○○（高級輸入車）と同じタイムを出す」と自慢する方もいます。スペックやタイムを追いかけ切磋琢磨するのも大事でしょうが、人間の感覚に訴えかける部分に磨きをかけていくことが、これからの日本のクルマには大事だと思われます。人間は不思議なもので、きれいな音がするクルマを運転していると、きれいに乗ろうとするようです。逆に雑な音がするクルマを運転していると、雑な運転になるのです。

統計をとったわけではなく、あくまでも私の印象ですが、エンジンルームのできと、エンジンのフィーリングには、相関関係があるのではないでしょうか……。

さきほど、クルマはドアを開けた（閉めた）瞬間に〝いいクルマ〟かどうかがわかると述べましたが、アクセルを踏んだときも同様のことがいえます。

〝いいクルマ〟はアクセルを踏んだ瞬間にビビッと身体に電気が走ります。その良さはクルマによって千差万別ですが、たとえば〝ピックアップの良さ〟は大切ですね。一番重要なのは、自分が踏んだ感覚とクルマの走りに差がないことです。思った通りにアクセルによってコントロールできるクルマは、当たり前のようにありそうですが、案外難しいのです。しかもこのご時世ですから、燃費も大切なのは言うまでもありません。

近年、日本のクルマづくりはモーターの技術（電気）に頼り過ぎていて、本来の内燃機関の開発がおろそかになっているような気がします。ハイブリッドの技術は世界一を堅持する一方で、内燃機関（エンジン）に関してはヨーロッパにずいぶん遅れをとっているかもしれません。性能、燃費、前述したフィーリングを含め、日本のエンジンはある時期を境に、進化がとまっているようにも思えます。

しかしながら、日本も捨てたもんじゃないなと思わされるエンジンも存在します。たとえば、スバルの水平対向4気筒です。なにせスバルのこの〝エンジン〟は、20年以上も使い続けてきたものですから。つい最近まで使っていたくらいです。

これを〝古い設計〟と捉える考え方もありますが、長い年月を経て熟成させたという考え方もできます。現に、スバルの最新の水平対向4気筒には、そこで培われた伝統がしっかりと根付いています。

個人的には、次世代のクルマの開発もさることながら、日本のメーカーがつくり上げてきた〝内燃機関〟も忘れたり捨てたりずに、新たな開発をすすめてほしいと願っています。現状のハイブリッドカー、電気自動車では、あの〝水平対向4気筒〟が持つ〝心地よさ〟には到底かないませんし。

## それでもやっぱり日本（車）は優秀

　ここまで日本車のデザインやボディの剛性、エンジンが抱える問題点を指摘してきました。このままの流れでいくと、トランスミッション、サスペンション（足回り）、各種の電子デバイスと、クルマを構成する各パーツについて言及（苦言を呈）することになるのですが、実はその流れには乗れないのです。

　なぜか。

　日本のクルマづくりのなかでも、トランスミッションやサスペンション、電子デバイスなどは、私の目から見ても優秀だからです。もちろん、問題がないわけではありません。しかし短所ではなく、長所を次から次へと思いつくのです。

　本書は日本車の悪口を書くことが目的ではありませんし、あえて辛口の表現をするつもりもありません。問題提起の章はこのくらいにして、次章からは日本車の明るい未来を、新旧の〝材料《ネタ》〟を織り交ぜ、お伝えしたいと思います。

二章

# 日本車の伝統

復活のヒントは過去の名車にあり

## PART 1 1950～'70年代

# 日本一は、世界一？
## トヨタ クラウン

この章では、戦後から1970年代までの間に誕生した日本車を取り上げ、日本車の伝統とは何かを考えていきたいと思います。

選んだ車種やトピックスは、私の独断と偏見です。あのクルマが抜けているぞ!! とか、あの話をしないのか!! とか、さまざまなご意見があろうかとは思いますが、ご容赦いただければ幸いです。

さて、日本車の歴史を振り返るとき、まずはここからですね。1955年に登場した初代クラウンです。正確にはトヨペット・クラウンRS型です。私はこのクルマが誕生した瞬間が、日本の自動車産業の本当の意味での幕開けだと思っています。

戦後の日本の自動車産業は、アメリカの下請けとしてやっていくか否かの瀬戸際にありました。戦前はノックダウン方式といわれる、ライセンス生産が日本の自動車産業の大き

©Toyota

トヨペット・クラウン（RS）　1955年

な柱のひとつであったことは事実です。しかし戦後の復興に際し、トヨタというメーカーは自社開発、自社生産にこだわりました。

豊田自動織機製作所を創業した豊田佐吉氏が画期的な織物機械を発明し、その特許をイギリスに売り、そこで得た莫大な資金を息子である喜一郎氏が受け継ぎ、自動車開発につぎこんだのは、有名な話ですね。

もちろん独自の道を目指したトヨタとはいえ、技術力、生産力などにおいて世界を牽引する欧米の自動車メーカーの、モノマネとしてスタートした感は否めません。この初代クラウンのデザインを見てもわかるように、それはまるでアメ車の縮小版です。

ただし、トヨタのすごいところは、いまではすっかり有名になりましたが、〝カンバン方式〟と呼ばれる独自の生産手法を編み出したことです。

カンバン方式についての詳細は省きますが、簡単にいうとそれは〝ジャストインタイム〟と呼ばれるもので、必要なときに必要なものだけを使い、必要な分だけをつくるというやり方。いまにしてみれば、普通のことですが、戦後まもなくの頃にその着想が生まれていたことに価値がありました。当時アメリカの自動車生産工場を見学しに行ったトヨタの関係者は、その規模に驚きながらも、生産ラインにおけるいくつもの改善点をみつけました。日本独自の生産ラインを設ければ、大国アメリカとも勝負できると感じたそうです。

さて、クラウンに話を戻しますと、初代からしばらくはどことなく〝アメ車の香り〟がする姿をしていましたが、次第に世界で唯一無二のクルマへと進化をとげていきます。近年にいたって日本はもとより、世界中のメーカーが研究対象としているクルマになったといっても過言ではありません。

第一、「クラウン」というひとつのモデル名を、これほど長きにわたって継承しているクルマがほかにあるでしょうか。

かれこれ半世紀以上もあの〝王冠〟マークを引き継いでいます。

クラウンというクルマを、自動車評論家的に〝インプレッション〟すると、その美徳はいくらでも挙げられますが、あえてひとつだけ述べるとすれば、それは日本らしい〝いなし〟の技術が盛り込まれているという点ではないでしょうか。エンジンフィーリング、ハンドリング、乗り心地、インテリアの使い勝手から質感にいたるまで、すべてがいい意味で力の抜けた、肩に力の入っていない、独特のフィーリングを持っています。そのフィーリングを私は〝いなし〟と呼んでいます。それは、ドイツ車の〝いかつい〟感じとは対極にあると思います。トヨタの技術は、世界でも希有な〝クルマの魅力〟をつくり出したのではないでしょうか。

そんなクラウンですが、海外に向けてはこれまであまり積極的には輸出してきませんでした。私はそんなところにも、クラウンのブランド価値があるのではと思っています。あくまでも国内で勝負する、つまりまずは日本人からの評価を得るという姿勢に、とても共感します。

さらに、クラウンを長年見てきて、いつも「さすがだな」とうならされる点があります。

それはどのグレード（タイプ）に乗っても、〝いい〟ということです。普通のクルマはやはり、排気量の大きい（グレードの高い）車種のほうが〝良く〟感じます。

けれども、クラウンは一番下のグレードでも、一番上のグレードでも、はたまたハイブリッドのモデルでも、いずれにおいても〝クラウン感〟があります。どのグレードに乗ってもクラウンとしての満足感が得られるのです。

だから、仲間内では（クラウンを売っている方々には怒られそうですが）、「クラウンを買うなら、一番安いのを買え」なんていう格言!?めいた言葉もあるくらいです。つまり乗るクルマが〝クラウン〟であることに第一義があり、それ以外はどうでもいいと。

極端な表現になってしまいましたが、要はそれほどまでによくできたクルマだということなのです。

最後にもう一点、クラウンを現在の地位に押し上げた要因のひとつが、「壊れない」ではないでしょうか。

この点については、ハイエース（48ページ）の項で改めてお話しします。

# 日本の軽自動車の原点がここに
# スバル360

周知のように富士重工の前身は中島飛行機です。戦前は東洋一の航空機メーカーと讃えられたほどです。

そして戦後、その高度な航空機技術を背景に、富士重工が満を持して世に送り出したのが、スバル360です。愛くるしいそのスタイリングも手伝ってか、発売当初はもとより、現在でもとても人気の高いクルマですね。

このスタイリングを手がけたのは自動車のデザイナーではなく、社外のプロダクトデザイナーだったそうです。クルマが専門ではない人だからこそ、生み出すことができたデザインなのかもしれません。

スバル360はデザイン性に優れるだけではなく、やはり卓越した技術を持つ富士重工らしいクルマといえます。

実はスバル360より以前、1954年に、市販はしなかったもののP-1というセダンを開発しています。そのP-1は、航空機技術を生かした国産初のモノコックボディを採用していたというから驚きです。富士重工の技術力の高さを物語るエピソードのひとつですね。

このスバル360をつくったのは、百瀬晋六氏。伝説的なエンジニアです。スバル360の開発にあたって、百瀬氏は世界中のクルマをテストし、なかでもシトロエンの2CVの足回りにいたく感銘を受けたそうです。実際、いまこのスバル360に乗っても、その乗り心地のよさにはたいへん驚かされます。「スバルクッション」と謳われた、やわらかいスプリングやたっぷりとあるストロークは、舗装の状態がよくなかった当時の道路でさぞかし活躍したであろうことは、想像に難くありません。

この時代のクルマでは後輪がリジッドアクスル（非独立式懸架）が一般的でしたが、スバル360はRR方式を採用したことで独立式となり、軽自動車ながら上級車でもめずらしかった4輪独立懸架を備えることになりました。またサスペンションのスプリングには場所を取らないトーションバー（捩り棒バネ）を4輪に採用、これと相まって優れた乗り

©Subaru

スバル360　1958年

心地が得られたのです。

実はこのスバル360が発売される1年前に、世界的な名車フィアット500が登場していますが、スバル360はフィアット500と比べても、なんら遜色のないできでした。スペース効率などは、かのダンテ・ジアコーサが手がけたフィアット500よりも、スバル360のほうが勝っているくらいです。

排気量360ccの空冷2ストローク2気筒のエンジンは16ps。現在の感覚では16psでは力不足と思われがちですが、当時の360ccエンジンとしては優れた値でした。そのうえ軽量設計により車重はわずか385kg。キビキビと軽快に走るクルマだったのです。

日本の軽自動車の原点は、スバル360にあると私は思っています。このクルマが〝小さく〟ても〝快適〟という、日本の軽自動車が誇る美点をつくったと言ってさしつかえないでしょう。

ところが現在、スバルは軽乗用車の生産から撤退してしまいました。トヨタとの提携により、スバルは軽自動車の開発から手を引くことになったのですが、軽自動車の礎を築いたスバルの〝軽〟が、今後見られなくなるのは少し寂しい気もします。

## シーラカンスとサイレントシャフト
### 三菱 デボネア

この初代デボネアは、「走るシーラカンス」という愛称で親しまれていたことをご記憶の方も多いでしょう。その愛称は、あまりにも古いスタイリングからきているものですが、後年はその古さゆえ、独特のオーラを身に纏ったようなクルマでもありました。

１９６４年の登場以来、実に22年間、１９８６年までフルモデルチェンジされませんでした。ちなみに、国内ではこのデボネアよりも長い期間、フルモデルチェンジせずに生産されたクルマは、初代トヨタ・センチュリーと初代ニッサン・プレジデントだけです。なにせセンチュリーは30年間（'67～'97年）もモデルチェンジがありませんでしたから。

デボネアのその息の長いデザインを生み出したのは、元ＧＭのデザイナー、ハンス・ブレッツナーで、60年代のアメ車のテイストがそこかしこに盛り込まれたクルマでした。

ただし、このクルマの見栄えを決定的に特徴付けているものは、アメリカ人のデザイナ

三菱 デボネア　1964年

ーがアメリカ風に仕上げたからではありません。日本ならではの規制、5ナンバー枠に収めるようデザインしたためだと、私は思っています。角張ったボディ、張り出したボンネット、エッジの立ったテール部分など、相当な〝押し出し〟感があり、写真だけ見ると、〝大型車〟然としています。ところが実際は、小型車扱いの5ナンバーですから、なんとも不思議な〝風格〟を漂わせているのです。

個人的にはこのクルマにはたいへん思い入れがあります。私がこども時代、我が家のクルマがこのデボネアの76年以降の2・6ℓ直4エンジン搭載車だった時期があるのです。

当時、年の離れたクルマ好きの兄が「ヒデ

オ、このクルマはすごいぞ。4気筒なのに8気筒の静粛性なんだぜ！」と言っていたことを覚えています。当時の私には兄が何を言っているのかよくわかりませんでしたが、いまはわかります。こういうことです。

クルマというのは、例外もありますが、気筒数が多いほうが静粛性は向上します。4気筒よりは6気筒や8気筒のほうが、エンジンの振動が少なく、静かなのです。

しかしこのデボネアはサイレントシャフトを採用することで、8気筒並の静粛性を手に入れました。このサイレントシャフトは、大雑把に説明すると4気筒のエンジンから発生する〝振動〟を、打ち消すための〝振動〟をつくり出すものです。

もとをただせばイギリスで開発された技術ですが、なかなか量産車向きの実用にいたらなかった技術です。それを三菱が、最初は軽のミニカ用の直2、次いでデボネアの直4で見事にやってのけました。三菱が実用化してからというもの、このサイレントシャフトはその後、たとえばポルシェにまで採用される技術となりました。

ともすれば、冷やかし半分で「シーラカンス」と呼ばれることもありましたが、その見た目の内側には、当時としては革新的な技術が盛り込まれていたのです。静かなクルマに乗りたければ、はなから8気筒や10気筒のクルマに乗れば（つくれば）いいという考え方もあるかもしれませんが、このデボネアのように、今、手元にあるものでなんとか〝近いもの〟をつくりあげていくという姿勢は、日本の技術者たちの美徳だと私は思います。

## 〝壊れない〟伝説の嚆矢 トヨタ ハイエース

1967年に登場した初代ハイエース。現在ではワンボックスカーの代名詞になりました。クルマにあまり詳しくない方たちはバン（ワンボックス）のクルマを指して、「ハイエース」と呼んだりします。それほどまでに、ハイエースが世の中に浸透している証しだと思います。

当時、ハイエースの主たる需要は商用です。商用車として何より大事なことは、壊れないこと。ハイエースは、本当にちょっとやそっとでは壊れなかったようです。同時代のクラウンも営業用としてタクシーに多く使われましたが、こちらも壊れにくいと評判だった

トヨタ・ハイエース　1967年

ようです。商用車というのは、一般のクルマとは比べものにならないほど、過酷な使われ方をします。クルマの耐久性が低ければ、商売あがったりとなってしまうわけで、ですから商用車に乗る人たちはとてもシビアにクルマのつくりを見ていたはずです。そして、そんなドライバーたちのお眼鏡にかなったのが、ハイエースだったというわけです。

もう時効だと思われるので話しますが、当時は積載オーバーというのは当たり前でした。決められた数値をはるかに上回る量（重さ）の荷物を積んで走っていたのですから、クルマが壊れても文句は言えませんよね。ところが、ハイエースはそれでも〝壊れにくい〟クルマだったというのですから、本当によくできたクルマだったのでしょう。

もしかしたら、オーバースペックのつくりだったのかもしれませんが、そうやって得た信頼は、その後何十年と続く、何ものにも代え難い価値となったのですから、いかに〝壊れない神話〟が大切なのかがわかりますね。

ハイエースの魅力は実用性だけではありません。デザイン面でも非常にすぐれたクルマです。かっこいいとか、かっこ悪いとかといった観点は、個人の美意識に大きく左右されますが、ここでいう〝デザインがいい〟とは、デザインを構築している技術が素晴らしいという意味です。

具体的には先にも述べましたが、トヨタの持っている金型技術です。現行のハイエースが登場したときは、そのプレスラインに驚かされました。実際のところはわかりませんが、あのスタイリングを生み出すのに、相当お金がかかったのではないかと思われます。

ハイエースを斜めから眺めると、ボディ横の広くて長い面が、ビシッと、きれいに、真っ平らに見えます。シャープですね。

実は広くて平らな面というのは、正直に真っ平らな面をつくってしまうと、目の錯覚でまん中が凹んで見えてしまうのです。そのためクルマのボディづくりでは、〝変Rをつける〟なんて言いますが、まん中あたりが少しだけ膨らんでいるのです。つまり、平らな鉄板ではなく、わずかにRのついた鉄板をつくるのです。

少し話がわき道にそれますが、先代のクラウン（ゼロクラウン）が登場したときも、そのプレスラインは衝撃的でしたね。

それまでのクルマのデザインには、ボディの横に細い線を一本入れることで、全体の印象をシャープにみせるという手法がありました。その線はペイントで描いていたものなのですが、それをクラウンではプレスラインで表現してみせたのです。

トヨタの金型技術は世界一だと私は思っていますが、それが〝息切れ〟しないところが、これまた世界一のすご技ではないでしょうか。

精巧な金型であっても、その金型を使い続けていると、細部がどうしても甘くなってしまうのです。狂いが出ると言えばいいでしょうか。ところが、トヨタはあれだけの生産量を誇りながらも、ほとんど狂いがない。バラツキのない製品を大量につくらせたら、やはりトヨタの右に出るメーカーはないと思います。

そうしたトヨタの美徳は、高級車はもちろん、ハイエースをはじめとした商用車にもきちんと受け継がれているのです。

## 日本の伝統ここに極まる
## トヨタ センチュリー

現在日本で唯一、12気筒のエンジンを搭載している乗用車がこのセンチュリーです。1967年に登場した初代はV8。その後、30年のときを経て、'97年に初めてのフルモデルチェンジで国産初のV12が搭載されました。

先ほども述べましたが、30年もフルモデルチェンジをしなかったというのがすごいですね。もちろん、日本にこんなクルマはありません。30年の間には排気量が拡大されたり、ライトの形状が変更されたりと、マイナーチェンジは行われてきましたが、基本は変わらずに、ずっとキープコンセプトでやってきたクルマです。

2代目もデザインは先代を踏襲していますので、遠目にはあまり変わった感じがしない

トヨタ・センチュリー　1967年（上）／2008年（下）

ほどです。中身は当然、前述したように12気筒を積みましたから、ガラリと変わっています。現在、新車で1208万円ですが、ちょっと古い型の中古車であれば、300万円くらいの値段で買えるようです。12気筒がそんな価格で手に入るのですから、私は世界で一番お得な中古車は、センチュリーではないかと思っているくらいです。

どこを見てもトヨタの技術力を体感させられるクルマですが、海外のデザイナーの目から見ると、〝日本〟を感じさせるクルマだそうです。彼らの目には、障子や漆といった日本の伝統の延長線上に、このセンチュリーがあるように思えるそうです。

ボディカラーの名称ひとつとっても実にユニークですよね。ダークグレーが「鸞鳳」（らんぽう）、シルバーが「精華」（せいか）、ブラックが「神威」（かむい）、ブルーが「摩周」（ましゅう）、ブルーメタリックが「瑞雲」（ずいうん）ですから。

クルマづくりもここまでくると、世界のどこぞの高級車と比較するなんていう次元の話ではなくなります。日本でなければつくれない、誰にもマネのできない存在です。

日本のクルマづくりの歴史は、欧米のそれに遠く及びませんが、この先もセンチュリーのようなクルマを末長く継承し、日本ならではのクルマづくりの伝統を築いてほしいと切に願っています。

## 世界でたったひとつのロータリー
## マツダ コスモスポーツ

世界初の2ローター・ロータリーエンジンを搭載して、第11回東京モーターショーに「コスモ」の名で颯爽と登場したのが1964年のこと。オート三輪のメーカーだった会社はこのコスモスポーツ、そしてロータリーエンジンで、その名を世界に知らしめました。

そもそもはドイツのNSUとフェリックス・バンケル博士の共同開発により生まれたロータリーエンジンですが、2ローターとして量産（実用）には至りませんでした。マツダ（東洋工業）が開発に着手したのは1961年で、そのプロジェクトの陣頭指揮をとったのが、後に同社の5代目社長を務めた山本健一氏です。山本氏はその後、〝ロータリーの父〟とも呼ばれるようになった人物です。ロータリーエンジン自体は、'63年の第10回全日本自動車ショーで試作機が公開されています。初めて実車（コスモスポーツのプロトタイプ）が出展されたのが翌'64年の第11回東京モーターショーでした。

このときのエピソードが実におもしろいのです。当時の松田恒次社長が自分でコスモスポーツを運転して会場に入り、帰りの道すがら、各販売店に立ち寄り、注文をとって広島まで帰っていったそうです。当時のリーダーの行動力はすごいですね。

少し技術的な話になりますが、ロータリーエンジンというのは、とにかく部品点数が少ない。部品点数が少ないことのメリットは、なんといっても製造コストが安くすむということです。もちろん、低コスト以外にもエンジン自体の高さを抑えられるので、これまでになかったようなスタイリングが実現できるなど、いろいろと利点はあります。当時はある種、〝夢のエンジン〟とまで言われたほどです。ですから、一時は世界中のメーカーがこぞって開発を始めましたが、最後までやり遂げたのはマツダだけでした。

排ガスや耐久性の面で課題があったのも事実です。そこをうまくクリアできずに、他のメーカーはロータリーエンジンの開発から手を引き、今日にいたってはマツダが世界で唯一のメーカーとなったのです。

コスモスポーツ以降、マツダはロータリーエンジンの研究を重ね、モータースポーツの

マツダ・コスモスポーツ　1967年

世界でも輝かしい成績を収めました。1991年にはル・マン24時間耐久レースで見事優勝しています（翌年からロータリーエンジンは締め出しをくらいますが）。

ロータリーエンジンは実は最近、ひそかに注目を集めています。詳細な技術解説は省きますが、もともとロータリーエンジンは〝燃料を選ばない〟といわれていて、オクタン価が低いガソリンでも、極端なことをいえばあまり質の高くない燃料でも平気なエンジンです。難点は低回転域にあるのですが、そのネガティブな部分をモーターで解消できるのではと、アウディの開発陣が目をつけ、動き出したようです。

もとをただせば、ロータリーエンジンはアウディの前身であるNSUが開発したものですから、自然な成り行きといえますが、なんだか少し口惜しい気もします。

## 当代随一のデザイナー
## いすゞ117クーペ

世界的なデザイナー、ジョルジェット・ジウジアーロの代表作のひとつが、いすゞの

©Isuzu

いすゞ 117 クーペ　1968 年

１１７クーペ。このクルマは一にも二にも、〝格好〟です。現在でも熱狂的なファンがいる１１７クーペは、その卓越したスタイリングが魅力のクルマでした。

ジウジアーロの名を世界に知らしめる一助を担ったのは、いすゞだったといっても間違いないでしょう。ジウジアーロはなかなか情に厚い人物らしく、当時お世話になったいすゞに恩義を感じていて、自動車界の〝大御所〟になったあとでも、真っ先にスケッチを見せる相手はいすゞだったそうです。

１１７クーペは１９６８年に発売されました。それまでの日本車にはない洗練されたスタイリングは、どこか異国情緒漂うものでした。実際、当時のいすゞの開発者たちは、たびたびヨーロッパの地を訪れていたようで、なかでもイタリアの影響を強く受けたようです。

初期のモデルはよく〝ハンドメイド〟といわれます。当時の生産規模が大きな理由のひとつですが、ジウジアーロの描いたスタイルを実車で再現しようとすれば、どうしても手作りせざるを得ない部分もあったようです。

イタリアからわざわざカロッツェリアの職人を呼び寄せて、トンテンカンテンとクルマをつくったというのですから、すごい話ですね。さらには、値段が172万円もしました。当時、この117クーペより高いクルマは、トヨタ2000GTとか、センチュリーくらいでしたから、どれだけ117クーペが高価なものだったかがわかります。しかも、117クーペは1・6ℓでしたから、意地悪ないい方をすれば、〝格好〟だけで172万円だったともいえるのではないでしょうか。そのスタイリングにはそれだけの価値があったわけで、ユーザーもその価値を十分に理解していたようです。

生産性はよくなかった117クーペですが、カロッツェリアの職人から教わったことは、後のいすゞのクルマづくりに大いに役立ったようです。いすゞが毎度モーターショーで、

〝ジョー番長〟の異名をとるほどデザインで際立った存在になったのも、このあたりの話と関係があるのかもしれません。

ちなみに、117クーペは日本で初めて電子制御燃料噴射装置を搭載するなど、技術的な面でも特筆すべき点のあるクルマでした。

## 熟成の水平対向エンジン
## スバル レオーネ

東北電力の要請によって誕生したという逸話をもつスバル・レオーネのエステートバン（4WD）。当時、四輪駆動のクルマといえば、ジープくらいしかありませんでした。そこで、もっと気軽に、乗用車の感覚で使える四輪駆動のクルマをつくれないものかと、東北電力からスバルに相談があったらしいのです。

山の中にも気兼ねなく入って行ける作業車としても、ときにはちょっとした営業車としても使える、そんな商用車としての需要に応えるかたちで注文生産されたのが「1300

Ｇバン四輪駆動」でした。この車両から着想を得て、ジープタイプではないクルマ（量産車）としては世界で初めて四輪駆動（パートタイム）を搭載したのが、レオーネのエステートバンだったのです。

ちなみに、１９７１年の発売当初、レオーネのラインアップにはクーペタイプしかなく、'72年に４ドアと商用車（４ナンバー）のエステートバンが追加されました。

スバルといえばこの四輪駆動もさることながら、やはり同社の代名詞でもあるのが、水平対向エンジンですね。レオーネには１・４と１・１ℓの水平対向４気筒ＯＨＶが搭載されていました。スバルの水平対向エンジンは、やはり航空機技術から生まれたものです。

水平対向エンジンの長所は静粛性をはじめいろいろありますが、ひとつにはエンジンの高さを抑えられることにあります。スペース効率のいいエンジンですから、乗用車はもちろん、バスをはじめとした商用車にも向いています。以前、スバルのエンジニアは、「昔は衝突安全のことを今ほど考えてなかったと思いますが、当時、実験してみたら正面からぶつかったときに自然とエンジンが下にもぐりこんで、うまいことといったんです（笑）」なんて話を冗談っぽく語ってくれました。

スバル・レオーネ　1972年

昔から〝水平対向〟にこだわってきたスバルですが、排ガス対策や部品点数が多いなどの課題もあり、開発には苦労しただろうと思われます。そうした難題を、いつも〝技術〟の力で乗り越えてきたのが、スバルだと思います。

レオーネの話からは逸脱しますが、最近また、スバルの技術者からたいへんおもしろいエピソードを聞きました。

フォレスターというクルマの開発にまつわる話でして、現行のフォレスターが搭載しているエンジン（2ℓ・4気筒）は、新開発のエンジンです。スバルではかれこれ20年近くも基本設計が同じエンジンを使ってきたのですが、ここにきて、満を持して新たなエンジンを投入しました。

エンジンのできには自信をもっていた開発陣ですが、困った点がひとつあって、組み合わされるトランスミッションが従来型の4ATだったということです。ご存知のように、現在のATは多段の傾向にあります。もしくは、CVTを筆頭に無段変速もあります。4ATと比較して、5ATや6ATのほうが燃費がよくなります。

ところがスバルの開発陣には「既存の4ATを使って、クラス最高峰の燃費を目指せ」

と指令が飛んだというのです。開発陣のひとりは「ほんと、困りましたよ」といいながらも、どこか嬉しそうに語っていました。無理難題を押しつけられると、エンジニア魂に火が付くのが、どうやらスバルのエンジニアらしいのです。

あれがないからできないとか、これがあればできるのにとか、そういう泣き言をいわないんですね。手持ちの道具（武器）でなんとかする。それがスバルの、ひいては日本の技術者の世界に誇る技術のひとつだと、私は実感しています。

## 世界に先駆けた環境性能
### ホンダ シビック

初代シビックの登場が人々にもたらした印象は、今でいうところのハイブリッドカーに近いのかもしれません。ミニと同じ〝エンジン横置きFF〟のレイアウトを採用し、それでいてサイズはミニよりもひと回り大きく、それまでの日本車にはない洗練されたスタイリングと実用性を併せ持ったのが、初代シビックでした。

ずっと空冷にこだわっていたホンダが水冷に方向転換したのは、シビックよりも以前に発売されたライフからです。当然、このシビックにも水冷の1・2ℓSOHCが搭載されています。

このシビックの名を世界に押し上げたのは、小型車としての優れたパッケージングや性能ではありません。それは1972年に登場したエンジン「CVCC」です。

アメリカで排ガス規制の法律「マスキー法」が制定されたのは1970年のこと。当初、アメリカの自動車メーカーをはじめ、世界中の自動車メーカーがその規制をクリアするのは困難だと難色を示した法律でした。

ところが、ホンダはそこに勝機を見出したのです。日本では最後発の自動車メーカーであるホンダが、世界に打って出るには、もってこいのエポックでした。

ホンダは、1972年に世界で初めてマスキー法をクリアしたエンジン「CVCC」を発表しました。このエンジンのすごいところは、触媒などの後処理でどうにかしようとしたのではなく、エンジン単体でクリーンな排ガスを目指したところです。排ガス対策は、後に触媒技術の発達で触媒一辺倒になってしまいますが、後付けでなんとかしようとせず

ホンダ・シビック　1973年

に、エンジンそのものをなんとかしようとしたホンダの技術力、もしくは志は本当に素晴らしいものだと思います。

CVCCによって勝ち得たホンダのブランドイメージはアメリカをはじめ、世界中に広がり、二輪とともに四輪の場でも、ホンダの快進撃が始まるのです。

ホンダの技術者魂のすごいところは、この技術を特許として独占することなく、どうぞみんなで使ってくれと広めたことです。

ビジネス的にはありえないかもしれませんが、私はこういう〝エンジニアスピリット〟が大好きですし、大局的には特許で稼ぐよりも、より大きなものをホンダは得たのではないかと思っています。

現在では、すべてのクルマに〝環境性能〟なるものが求められますが、ホンダがどこよりも先駆けて環境性能を追求したメーカーといえます。

## 4ストローク3気筒を実用化 ダイハツ シャレード

三輪自動車のメーカーとしてスタートをきったダイハツは、外国産のエンジンやディーゼル機械が全盛だった時代に、国産、つまり自分たちの手でつくることにこだわったメーカーでもあります。

このシャレードもそうした伝統を受け継ぎ、世界で初めて乗用車に4ストローク3気筒（1000cc）のエンジンを搭載しました。当時、世界中のどのメーカーも、4ストローク3気筒のエンジンにはさまざま理由（特に振動の問題）で懐疑的でした。ところが、ダイハツは実用に耐える4ストローク3気筒のエンジンの開発を見事成功させ、小型車に最

ダイハツ・シャレード　1977年

適な動力源を手に入れたのです。

ダイハツが4ストローク3気筒のエンジンを開発してからというもの、1ℓ（以下）クラスでは定番のエンジンとなり、世界中で広く使われるようになりました。

2代目以降も世界最小排気量のディーゼルエンジンや、1ℓクラスでは唯一のディーゼルターボを搭載するなど、シャレードは、技術的な面においてもエポックメイキングなクルマとなりました。現在のダイハツが手がける水冷直列3気筒ガソリンエンジンは、インターナショナル・エンジン・オブ・ザ・イヤーの1ℓ未満の部門で、2007年から4年連続で賞を受賞しています。

三章

# 日本車の伝統

国産の伝説はまだ現役で走っている

PART❷

1980～'90年代

# スクランブルブーストはまるでF1!?

## ホンダ シティ

二章に続いて、本章でも日本車の伝統にスポットライトをあてます。時代は1980年代に入り、'90年代のクルマまでとりあげます。

この時代のクルマは現在でも現役で走っていますし、'90年代のクルマともなれば普通に町で見かけます。'80〜'90年代の日本車も、'50〜'70年代の伝説的なクルマに負けず劣らず興味深いモデルがたくさんあります。

まだ日本がバブルに突入する前の時代、「トールボーイ」のニックネームで呼ばれ、日本の若者を魅了したクルマがあります。ご存知、ホンダのシティです。

シティはそのオリジナリティ溢れるデザインで若者を中心に人気を博しましたが、実は見た目がすごいだけではありません。年代を追って説明していきましょう。

初代シティが登場したのは1981年のこと。翌'82年には「EI」というモデルが投入

ホンダ・シティターボ　1982年（上）／ターボⅡ　1983年（下）

されました。このＥＩは低燃費仕様のモデルで、リッターあたり21㎞という数字を誇りました。いまとなっては特筆すべき数字ではありませんが、当時カタログでこのデータを見たとき、心底びっくりしたことを覚えています。

同じ１９８２年には「ターボ」モデルが追加されています。これはターボチャージャーを取り付けたもので、１００馬力を誇りました。実際に運転すると、シティの特徴のひとつでもある車重の軽さと相まって、気持ちいいまでの加速感を味わえたクルマです。

１９８３年に「ターボⅡ」が登場しています。「ブルドッグ」という名で親しまれていましたね。このクルマはインタークーラーターボつきで、最高出力は１１０ps／５５００rpm。当時、技術的なことはよくわからなくても、「インタークーラーターボ」という、なんだかすごそうなネーミングにヤラれた人も多かったはずです。

１９８３年という年は、ホンダがＦ１に戻ってきた年でもあります。'80年代のＦ１はホンダが全盛で、日本のＦ１ブームをつくったのもやはりホンダの力でした。当時のＦ１規定は１・５ℓターボで、ホンダは１５００馬力を出すＦ１エンジンをつくっていたわけですから、次元が違う市販車とはいえ、ホンダがつくる「ターボ」にはスペック以上の価値があったともいえますね。

１９８４年には「カプリオレ」がラインアップに加わります。オープンボディにするスタイリングはピニンファリーナが手がけたことでも話題になりました。ユーノス・ロードスターが登場するまでは、オープンカーとして国産車では数少ない成功例です。１９８５年には「EⅢ」が登場し、燃費は24・０km／ℓを実現し、翌'85年には副変速機（ハイとローの２段）つきの４速MT「ハイパーシフト」を搭載するモデルが発表されています。

当時のホンダは、おもしろいことを次から次へとしかけてきました。前述した「ターボⅡ」には、エンジン回転数が３０００rpm以下のときにアクセルを全開にすると、一定時間だけ過給圧が上がる機能「スクランブルブースト」なんていう機能もついていたくらいです。その後、F１の世界に「オーバーテイクボタン」が登場しますが、「スクランブルブースト」もそれと似たようなものでしょうか。

ホンダにはこうした〝自由な発想〟があり、その発想を支えるだけの技術力があり、たとえ常識とは違う発想だったとしても、それをサポートする経営者の判断があったのだと思われます。ホンダには本当におもしろい人材が集まっていたのですね。

## フェラーリよりも低いボンネット⁉
## ホンダ プレリュード

いまではすっかり死語となってしまった〝デートカー〟。その〝デートカー〟の元祖といえばこのクルマ、ホンダ・プレリュードですね。初代は1978年に登場していますが、ここで取り上げるのは2代目と3代目のモデルです。

1982年に発売された2代目プレリュードは、なんといってもそのスタイリングが特徴です。単にデザインがいいとか、かっこいいとかといった次元ではありません。ボンネットの高さが、驚くほど低くなるようにつくられていました。リトラクタブル・ヘッドライトもより〝低さ〟を強調する一助になっていたようです。

オプションの設定ではありましたが、日本で初めて4輪にABSを装備したのも、この2代目からでした。

1987年に3代目が登場します。スタイリングは好評だった2代目を踏襲し、大きく

ホンダ・プレリュード　1987年

は様変わりさせませんでしたが、私の記憶が正しければ、公にではありませんが、〝あのフェラーリよりも低いボンネット！〟などといわれていました。フェラーリはミドシップ、プレリュードはＦＦです。つまりフェラーリがどうのというより、ＦＦでありながらこれほどまでの〝低い姿勢〟をつくり出したことが、賞賛に値するわけです。

中身にはまた新たな技術を投入しました。乗用車では世界で初めて機械式の４ＷＳを搭載したのです。４ＷＳを日本語にすると四輪操舵。フロントだけでなく、リアにも舵角を与える仕組みで、高速域での横滑り防止や、低速域での小回りに寄与するという特性があります。

ちなみに、電子制御式のタイプは日産が１９８５年の時点で、「ＨＩＣＡＳ」という名で世に送り出しています。

日本車が本格的にクルマづくりを開始して半世紀が過ぎましたが、その歴史を振り返ってみて改めて思うことは、ホンダに限らず、日本のメーカーは新しい技術をどんどん開発し、意欲的に搭載していったということです。１９８０年代以降は、そうした取り組みが加速したように感じます。

# 早すぎた技術「NAVi-5」
## いすゞ アスカ

いすゞは2002年に乗用車部門から撤退しましたが、乗用車市場からいなくなるには惜しい自動車メーカーだったと思います。

一般的なウケはあまりよくなかったのかもしれませんが（!?）、私たちクルマ好きにはとても愛されていたメーカーだったのではないでしょうか。

いすゞはどこか一風変わったメーカーで、つくり出すものもやはり、個性的なものが多かったようです。どうやら時代を〝先取りし過ぎて〟いたようなきらいもあります。

たとえば、アスカに搭載された「NAVi-5」がいい例でしょう。

1983年にフローリアンの後継として登場したアスカ。いすゞはGMと業務提携しており、当時のGMの構想「グローバルカー」へ参画して開発されたという出自を持つクルマです。登場から1年後、'84年に「NAVi-5」搭載車がラインナップに加わります。

「ＮＡＶｉ－５」とは簡単にいうと、いすゞが開発した〝セミオートマ〟のことで、乾式クラッチ式電子制御トランスミッションとしては世界初の機構でした。

このトランスミッションは、一般的なトルクコンバーターのＡＴではなく、マニュアルトランスミッションをコンピュータが機械的に制御して自動変速する仕組みです。もう、お気づきだと思いますが、最近のスポーツカーに搭載されているあのシステムと基本思想は同じものです。

もう少し詳しく説明していくと、この機構には世界初の電子スロットルが組みあわされています。昔はフライバイワイヤと呼び、今日ではドライブバイワイヤと呼ばれる機能です。電子スロットルはもうあたり前の機構となりましたが、当時としては先進のテクノロジーでした。もともと電子スロットルは航空機の技術で、実際の開発にあたっても元航空機エンジニアが関わっていたそうです。

「ＮＡＶｉ－５」はエンジンの回転数、速度などからコンピュータが総合的に判断して、最適なギアを選択し、油圧で変速操作を行います。何度もいうようですが、今日では普通の技術ですが、１９８４年の時点でその機構を開発し、市販車に搭載しているところがす

いすゞ・アスカ　1983年

ごいのです。

志は非常に高いいすゞだったのですが、残念ながら販売の実績には結びつきませんでした。いすゞの乗用車部門撤退にともない「NAVi-5」もなくなりましたが、商用車の世界では「NAVi-6」へと発展を遂げ、いすゞが手がける現在のトランスミッションにも受け継がれています。バスやトラックといった大型の商用車では、いすゞのトランスミッションは世界的にも高い評価を得ています。

私が聞いている話では、この「NAVi-5」は非常に少ない予算で開発したそうです。そもそもトランスミッションの開発はとてもお金がかかります。こういうと語弊があるかもしれませんが、いすゞの規模でよくぞできたと思わなくもありません。おそらくエンジニアの情熱の賜物ではないでしょうか。

ちなみに、アスカというクルマは「NAVi-5」以外にも、たとえば1983年にはイギリスのRACラリーに出場してクラス優勝をしていたり、ターボディーゼル車の速度記録を打ち立てたりと、いくつもの逸話がある、やはりクルマ好きには非常に印象に残るクルマでした。

## 電子デバイスが世界を変えた
## ニッサン スカイラインGT-R

〝電子制御〟というものが花開いたというべきか、それまでの開発がここで実を結んだというべきか、とにかくこのニッサン・スカイラインGT-Rの電子制御システムは、日本車の歴史のなかでもエポックメイキングな存在です。

1989年に8代目として登場したスカイライン。通称〝R32〟と呼ばれる型ですね。いつもならフルモデルチェンジそのものが話題になるスカイラインなのですが、このときばかりは16年ぶりに復活した「GT-R」が注目を集め、他のグレードはすっかりかすんでしまいました。それだけGT-Rのインパクトが強かったという証でもあります。

個人的には、その後発売されたGT-Rを含めても、このR32のデザインがもっとも優れていると思います。なにより、コンパクトなサイズがいいですね（このあと、どんどん〝膨らんで〟いきます）。

ニッサン・スカイラインGT-R　1989年

ブリスターフェンダーの付け方も実に日本的で、上品さすら感じます（ブリスターフェンダーを形容するにはあまり似つかわしくない言葉かもしれませんが、やはり後継モデルはどんどん〝張り出して〟いきます）。

全体としてフォルムがギュッと締まっていて、ホイールの見せ方など、クルマ好きがつくったんだなという感じがにじみ出ています。

GT-Rに搭載されたエンジンは2・6ℓ直6DOHC（ターボチャージャー）で、出力などカタログ上のスペックは当然法定の範囲内の280馬力にとどまっていますが、ちょっとイジるとあっという間に500馬力なんていう数字を叩き出す、モンスターマシンでした。そもそも〝直6〟の素性がいいから、チューニングでハイスペックを引き出すことは容易なのですが、海外の高級スポーツメーカーからしてみると、この値段で「こんなに速いの？」となるわけです。片やン千万円、片やン百万円ですからね。

GT-Rには、そのパワーを電子制御で4輪に自在に駆動配分する「アテーサE-TS」と呼ばれるシステムが搭載されました。

当時のシステムは現在ほど高度ではなく、8ビットでしたが、それでも初めてサーキットでGT―Rを思う存分走らせたときは、その制御の細かさに驚きました。曲がれないかも！　と思ったのに、なんなくコーナーをクリアできたり、リアが流れそうになったら、フロントが引っ張っていってくれる感じがあったり、それまでの自分のドライビング感覚とは違う次元でクルマの挙動が発生することに、とても驚いたことを覚えています。

そうした驚きをつくり出したのが、鉄やアルミでできた機械ではなく、小さな電子デバイスだったというのもまた、とても日本的なエピソードではないでしょうか。

## 世界中のクルマ好きを虜にしたオープンカー
## ユーノス ロードスター

モータリゼーション花盛りの1960年代に青春時代をおくったみなさんのなかには、ライトウェイトスポーツカーに憧れをいだいた方が多いようです。

特にMGミジェットやMG―B、オースチン・ヒーレースプライト、ロータス・エラン、トライアンフなど英国のライトウェイトスポーツカーが人気で、もちろんアルファ・ロメオのジュリエッタ・スパイダーといったクルマも憧れのまとでした。

金銭的な部分が大きかったのでしょうが、やはりオープンの2シーターというクルマは、おいそれと誰にでも乗ることができるタイプのクルマではありませんでした。そんな日本のクルマの文化を一変させたのが、このマツダ・ロードスターです。1989年に登場した初代は、ユーノス・ロードスターという名でした。

昨今のマーケティング的な発想では、決して生まれてこない類のクルマだと思います。よくぞマツダはつくったと思いますし、このクルマを受け入れる土壌が日本にあったこともまた嬉しい限りです。

ロードスターは西洋的なヒエラルキーを感じさせず、純粋にクルマを楽しみたい老若男女を虜にしました。

まず人々を魅了したのがあのスタイリングですね。ロータス・エランの影響がみてとれるデザインですが、それでもマツダなりのライトウェイトスポーツの解釈が入っていて、そこにはやはり前述した1960年代の香りが漂っています。ノスタルジックな、カフェレーサー的な味付けがいい按配でされていると思います。

マツダのこだわりは細部にまで徹底されていました。たとえばタイヤのトレッドパターンです。私が初めてロードスターのタイヤを見たとき、「えっ、これ、新車の純正のタイヤ?」と疑ったくらいです。なぜなら、トレッドパターンが昔のレーシングタイヤのパターンにそっくりだったからです。あとになって聞いたところでは、〝クラシックに見えるタイヤ〟というオーダーをダンロップに出していたそうです。ホイールのデザインも同じような嗜好性だと思われます。

ロードスターは、クルマ好きの人間がとことんこだわってつくったスポーツカーで、細部も手を抜かず、クルマ好きが喜ぶ濃いエッセンスがたっぷり注ぎこまれていたのです。

マツダは昔から〝人馬一体〟という言葉が好きで、ハンドリングが命のメーカーです。当然、このロードスターにもその情熱は注ぎこまれ、見事なまでのハンドリングマシンに仕上げました。

ロードスターは瞬く間に、世界中でファンを獲得しました。

2000年に生産累計台数が53万台を超え、世界でもっとも多く生産された2座小型オ

ユーノス・ロードスター　1989年

ープンスポーツカーとしてギネスブックに認定されています。

現在にいたっては、累計で90万台にまで達しています。世界に誇るスポーツカーを生み出し、なおかつそれが過去の栄光ではなく、いまなお現役であることに、私は深く感銘します。

1989年という年は日本車にとって〝ビンテージイヤー〟ともいうべき年です。先のGT-R、このロードスター、そしてトヨタ・セルシオやスバル・レガシィもこの年に誕生しています。日本はバブル真っ盛りで、日本車にかぎらず、日本全体がイケイケの時代でした。

## 日本のスーパーカー誕生
## ホンダNSX

1990年に登場したホンダNSXは、いわば日本のスーパーカーですね。発売当時はバブルの絶頂期で、800万円もしたNSXの納車は1年待ちとも2年待ちともいわれていました。なかなか手に入らないことで、一時は中古価格が新車価格を上回ったほどです。2006年で販売を終了しましたが、一度もフルモデルチェンジが行われなかった珍しいクルマです。

NSXは3ℓのV6を運転席の後ろに搭載したミドシップのクルマでありながら、MRのスポーツカーとしては異例なほどテールの長いスタイリングでした。テールが長くなった理由は非常に日本的なものです。ゴルフバッグをトランクに入るようにしたかったからだそうです。スーパーカーなのに、こうした実用を重んじるところが、日本の〝モノづくり〟らしいところですね。スタイリングはどことなくピニンファリーナを感じます。イタ

ホンダNSX　1990年

リア風のデザインとジャポニズム（ゴルフバッグを積みたいなど）がうまく（？）融合したスポーツカーというべきでしょうか。

このNSXで特筆すべき点は、なんといってもオールアルミ・モノコックボディでしょう。実はホンダというメーカーは〝アルミ〟には因縁のようなものがあります。ホンダが自動車製造業に参入する際、いろいろと意地悪をされたといわれています。たとえば、S500や600をつくるときに、エンジンに使う上質のアルミを調達するのがたいへんだったそうです。アルミではさんざん苦労させられたみたいですね。

そういう歴史的な経緯を踏まえると、NSXの〝オールアルミ・モノコックボディ〟は意地の技術だったのかもしれません。

当時、アルミモノコックボディを量産するのは並大抵のことではなかったと思います。リベットを使わないスポット溶接ですから、すべてが手作業です。

他のモデルのようにロボットがガチャコンとつくる代物ではありませんでした。ですから、NSXは量産車でありながら、ある意味、手作りのクルマでもあったのです。

もう少し技術的な話をすると、スポット溶接というのは高電圧を必要とし、かなりの電力を消費します。そのため、ホンダではNSXの生産に合わせて、発電所を備えた工場を建てています。

ホンダという会社の正式名称は本田技研工業株式会社です。「技研」、つまり技術研究の会社というわけで、いつの時代もホンダの「技術」には感心させられることばかりです。

## 次世代エンジンの先駆け
## ユーノス800

1997年に「ユーノス」という名は消えてしまいますが、ユーノス800に搭載されたミラーサイクルエンジンは、いまでも受け継がれています。1947年にR・H・ミラーが考案したものの、実用化されていなかったミラーサイクルエンジンを、世界で初めて量産車に採用したのは、ユーノス800でした。

ミラーサイクルエンジンの特徴は燃費がいいということです。

ミラーサイクルエンジンの量産化に成功したマツダは、「燃費を向上させるには、吸入した混合気を爆発する際の仕事量を示す『膨張比』をより高め、熱効率を上げることがポイントとなります。しかし、これを従来型のエンジン（圧縮比＝膨張比）のまま実現すると、圧縮比も高くなるため異常燃焼（ノッキング）が発生してしまいます。ミラーサイクルエンジンでは、吸気バルブの閉じるタイミングを遅くし、圧縮工程の途中から圧縮を始めることで、圧縮比を抑えることを可能にしました。一方で、ピストンの燃焼室容積を小さくし、膨張比を高めることで、圧縮比を小さく抑えながらも膨張比だけを高めること（圧縮比＜膨張比）を実現しています」と、説明しています。

マツダは〝ミラーサイクル〟を世界に先駆けて製品化し、現在では多くのマツダ車に搭載されています。さらには、〝ミラーサイクル〟の考え方（技術）は他のメーカーでも採用されています。

さてこのユーノス８００ですが、１９９３年に登場し、'97年にユーノスの消滅にともなって「ミレーニア」という車名になりました。

ユーノス８００はユーノスブランドのフラッグシップカーでした。先のミラーサイクルエンジンをはじめ、スーパーチャージャー、４ＷＳなど当時のマツダの最新技術が投入さ

ユーノス800　1993年

れたクルマでもありました。

技術的な面だけでなく、シートの素材なども1ランクも2ランクも上のものを使っていました。ぱっと見ではわかりにくいのですが、細部にいたるまで凝ったつくりのクルマで、かなりお金をかけたのではないでしょうか。違った見方をすれば、コストパフォーマンスの悪いクルマだったのかもしれませんね。

ユーノスというブランドは、商業的にはうまくいきませんでしたが、後世に残るテクノロジーを生み出してくれました。

## 日本らしい天才的な発明
## スズキ ワゴンR

もうすっかり有名な話になってしまいましたが、スズキ・ワゴンRの開発エピソードはとても日本的で、私は日本の技術者を誇りに思います。

当時、ワゴンRの開発部隊は、既存のパーツを使って、新車を開発しろと言われたそう

©Suzuki

スズキ・ワゴンR　1993年

です。「いま手元にある部品で、まったく新しいタイプのクルマを」という課題だったそうです。

これ、言うほうも言うほうですが、やるほうもやるほうですよね。

しかも、そんな悪条件にありながら、結果としては大ヒットを飛ばしました。感服しますね。このワゴンRの開発を経て、その後スズキは徹底したパーツの共用化をはかり、生産性の向上、コストパフォーマンスに優れるクルマづくりを実現していきます。

ワゴンRは、現在でこそトヨタ・プリウスを筆頭とする、いわゆるエコカーに押されてはいますが、1993年に登場した初代から今日にいたるまで、販売実績は申し分のないものです。軽自動車市場では長きにわたってトップシェアを誇りました。

ワゴンRが売れた要因はいくつも考えられますが、なんといってもその天才的な発想のパッケージングにあったのではないでしょうか。

ワゴンR登場の以前と以後とでは、軽自動車の歴史が変わったといっても過言ではありません。それまでの軽自動車には小さくて背の低いタイプか、商用車から派生したワンボックスのタイプしかありませんでした。

ところがワゴンRは、乗用車の快適性と商用車にも匹敵する機能性を併せ持ったクルマとして登場しました。

ワゴンRの「R」の意味は、開発当初のコンセプトでは「Relaxation」の「R」とも、「Revolution」の「R」ともいわれていました。もうひとつ、ワゴンも「あーる」が掛けられていたとか。

そもそも、日本の自動車メーカーはユーティリティとか、実用性を考慮したパッケージとかは得意分野でした。それでも、やはりワゴンRのあの形（パッケージング）は、よく練られたものだと思います。

たとえば、あの機能も、あの利便性も、あの装置もと、あれやこれやと詰め込もうとすれば、クルマはどんどん大きくなります。しかし、ワゴンRはあくまでも軽自動車です。決められた小さな枠組のなかに、きちんと収めなければなりません。そういうことが、日本の技術者は本当に得意なのですね。

近年、ワゴンRのワイドボディ版が、ヨーロッパでもたいへん評判が高いようです。考えてみれば、ヨーロッパでも日本と同じような道路環境の町は多いわけで、人や物をたくさん載せ、狭い道を軽快に走るワゴンRのパッケージングが重宝されるのだと思います。

四章

# 日本車の底力

未来への扉はすでに開いている

## 〝世界の〟サプライヤー

この章では、日本の自動車産業の未来にとって、明るい材料を提示したいと思います。正直、好材料がありすぎてどこから手をつけていいのかわからないくらいですが、まずは世界に冠たるサプライヤーの話からはじめてみましょうか。

私たちはサプライヤーといういい方をしていますが、平たくいうとクルマのパーツをつくる（供給する）会社のことです。

日本のサプライヤーの実力は本当にすごいのです。

クルマは約3万点ものパーツで構成されています。どれひとつとしておろそかにできないもので、どれかひとつが欠けても、クルマをつくることはできません。

日本の自動車メーカーの大手8社に対し、日本のサプライヤー（パーツメーカー）は約1万社にのぼります。

1万社のなかには、その会社がつくるパーツ（技術）なくしては、世界中の自動車メーカーがクルマを製造できなくなってしまうほど、その分野でのシェアを持っているところが少なくありません。

記憶に新しいところでは、東日本大震災において被害の状況がわかるにつれ、東北地方でつくられていたパーツが生産できないために、世界中の自動車メーカーの生産が遅れたことが報道されていました。

震災当初、部品の供給が困難になったことで、「世界中の全生産1／3に影響」という見出しまで新聞に出たほどです。実際、アメリカのGMでは生産を一時停止した車種があり、プジョー・シトロエングループではディーゼルエンジンの生産に影響が出たといった報告がありました。もちろん、日本の自動車メーカーも大打撃を受けました。国内生産はもとより、日本のメーカーの海外生産拠点でも生産が滞りました。

当初、不足が懸念されていたおもなパーツは、半導体、ブレーキパッド、塗料、ポリプロピレンなどです。

半導体はさまざまな制御をコンピュータで管理する現代のクルマには、欠かせないパーツのひとつです。もちろん、どんなにクルマのハイテク化が進もうとも、ブレーキパッドがなければ、クルマは止まれません。塗料がなければ、クルマに色をつけられません。ポリプロピレンは、バンパーなどに使われる材料ですから、やはり大切な素材です。

ある日本のメーカーの発表によると、一時は約500点のパーツの調達が滞り、しばらくたってからも約150点近いパーツの供給が安定しなかったそうです。震災後しばらく、日本のメーカーは生産量を落とすなどして、対応していました。

## 伝統工芸から最新テクノロジーまで

冒頭で〝日本のサプライヤーの実力が本当にすごい〟と述べたのは、そのサプライヤーが自動車メーカーにパーツを供給する、単なる下請け的な存在にとどまらない点にあると感じているからです。

「セーレン」という会社があるのをご存知でしょうか。明治22年に福井県で創業された繊維メーカーです。繊維メーカーですから、当然アパレル業界では有名ですが、自動車関係者の間でも有名な会社で、たとえばこの会社がつくる合皮の品質がとても素晴らしく、多くのモデルで使われています。

自動車と関係の深い繊維会社でいうと、龍村美術織物という会社もおもしろいですね。もともとは日本の伝統工芸品を手がける会社ですが、そういう会社がクルマのシートの生地を手がけているのです。

世界ナンバーワンのシェアを誇る小糸製作所も〝すごい〟ですね。クルマ好きなら、すぐにピンときます。ライトをつくる会社です。

ヘッドライトを製造する会社は世界中にあります。ドイツにはボッシュという世界的な企業がありますが、たとえば同じ国のポルシェは、小糸製作所のヘッドライトを採用しています。近年ではなんといってもＬＥＤのヘッドライトが同社の看板商品です。

クルマのヘッドライトの光源は、これからＬＥＤが主流になっていきます。ＬＥＤは小型、軽量で、なおかつ省電力、長寿命だからです。そんなクルマ用のＬＥＤヘッドライトを世界で初めて実用化したのが小糸製作所なのです。

こんなことをいうとお叱りを受けそうですが、小糸製作所の本社は東京の高輪にありまして、以前たまたまその前を通りかかったとき、「これがあの世界の小糸製作所の本社なの？」と思ったくらい、地味な構えの会社です。

私は、派手なことを好まない日本のこうした技術屋集団のような会社が大好きです。一見、地味なのに、中身はすごい。これは、日本の会社の誇るべき伝統であり、大切な美徳だと思います。それは着物の羽裏の文化（表は地味だが、裏地の意匠が凝っている）と近いものを感じます。

世界的なシェアを誇っていることを〝ドヤ顔〟で誇示するメーカーは、長続きしないと思います。日本的な〝シブイ〟会社は、末永く会社が存続するのではないでしょうか。考えてみれば、今、世界で活躍するサプライヤーのなかには創業100年なんていう会社がごろごろあります。

塗料メーカーも、優れた会社がいくつもありますね。

日本の塗料メーカーのどんなところが世界をリードしているかというと、たとえば〝黒〟という色です。これは自動車の世界では有名な話ですが、特に黒に関しては、日本は最高にいい色を出すという定評があります。やはり、漆の国だからでしょうか。

こうした塗料に関する基礎的な実力もすごいのですが、最新のテクノロジーを駆使した塗料の世界でも、いろいろと興味深いものを開発しているようです。具体的に述べると、細かな傷なら勝手に修復してくれる機能をもった塗料です。まるで、皮膚のようですね。おそらくこうした塗料は、近いうちに世界を席巻するでしょう。

漆に限らず、日本の伝統工芸品は世界中のメーカーの開発者が注目しています。和紙や蒔絵なども、自動車に応用、転用できないかと試行錯誤しているようです。

メルセデス・ベンツなどは、日本についてのそうした研究が盛んで、日本にデザインセンターを設け、日本中を飛び回ってさまざまな研究をすすめているようです。

本家である日本のメーカーもおちおちとはしていられませんが、それだけ日本には〝いい素材〟がごろごろあるという証でもあるのです。

## 世界を制す電子の分野

優れたサプライヤーの話ならいくらでもできそうですね。どんどんいきましょう。次は日本ガイシです。「ガイシ」を漢字にすると碍子。クルマ好きの間では、スパークプラグ

（ＮＧＫ）でお馴染みですね。日本ガイシは世界でもトップクラスの規模を誇るセラミックを扱う企業グループ（森村）の一員です。

いま、この会社で注目を集めている製品のひとつが「ＰＦ」。パティキュレート・フィルターと呼ばれるもので、簡単にいうとクルマが排出する煤を濾過するフィルターです。今後、環境への配慮はますます求められてきますが、ＰＦはなくてはならないパーツのひとつですね。

日本ガイシはこのほかにも「$O_2$センサー」という部品をつくっていまして、クルマの燃費と排ガス浄化という環境にかかわってくるこれまた大切なパーツです。同社はこの分野で世界シェアナンバー１です。

サプライヤーのなかには、日立製作所をはじめとした巨大な企業の存在もあります。

たとえば日立製作所がつくるコンピュータは、クルマの各種制御装置に使われています。有名なところでは、アウディのクワトロシステムの電子制御系は、日立製作所の技術が昔から入っています。近年、自動車の歴史を塗り替えたといっていい〝ハイブリッド〟も、日立の部品（技術）がたくさん使われています。

日本にはこのほかにもデンソーとか、アルプス電気など、電気関係の優秀なサプライヤーがまだいくらでもあります。

電気関係のサプライヤーはその名を聞いただけで、なんだか頼もしい会社ばかりですね。最近はテスラ・モーターズ（アメリカ）をはじめ、電気（ＥＶ）自動車メーカーなる会社も出現していますが、やはりそうしたクルマにも日本の電子部品は必須となっているようです。

こうした先進のテクノロジーを駆使した部品が開発される一方で、素材そのものを見つめ直す、新しい取り組みも始まっています。たとえば、普通は廃棄処分されてしまう牡蠣の殻を再利用して、鉄をつくっている会社もあります。鉄をリサイクルする際に、増えてしまった炭素を除くために牡蠣の貝殻をまぜているそうです。

最近ではレアメタルがすっかり有名になりましたが、資源のない日本は、新しい鉱物に目をつけたり、既存の鉱物を改良したりと、やはりさまざまな工夫をして、新素材を生み出しているのです。

サプライヤーの話はとめどもなくできそうですが、紙幅の関係上、最後にひとつだけ。

オートマチック・トランスミッションの世界は、もはや日本の独壇場といっても過言ではありません。私見ですが、特にトルクコンバーターのATでは、日本のアイシン精機の右に出る会社はないでしょう。

たしかに、ヨーロッパにはZFという有名な会社がありますが、誤解を恐れずにいうと、アイシン精機のほうが上をいっていると思います。アイシンのATのほうが断然、壊れにくいですから（ZFのATのプログラムが日本向きではないということもあるのですが）。

## ハイブリッドは続く

鉄腕アトムが「21世紀に間に合いました」といって登場した初代プリウスも、気がつけば、中古車市場で〝10年オチ〟と呼ばれるクルマとなりました。モーターという新しい動力源の力を借りたプリウスは、まさに未来のクルマでした。

初期のモデルこそトラブルを抱えていましたが、対策をほどこしてからのプリウスは、いわゆる内燃機関のクルマとなんら変わることなく走っています。10年前のプリウスはいまでも元気よく走っていて、いろんな意味で〝ボロ〟くなっていないその様から推察するに、ハイブリッドという技術が一過性のものではなく、しばらくは続くものであることを実感させます。

たしかに、ハイブリッドは次世代までの〝つなぎ〟の技術かもしれませんが、ハイブリッドで培った日本の技術が、次のステージでもきっと役に立つことでしょう。

日産のリーフをはじめ、電気自動車の分野の幕もあがりましたし、ディーゼルの技術ももう一度、日本で日の目を見ることになるでしょう。いずれも、日本の技術は世界をリードしていると思いますが、このあたりは海外のメーカーも相当力を入れてきていますので、今後も厳しい戦いが繰り広げられるはずです（一章では日本は内燃機関の開発がおろそかになっていると述べましたが、ここのところディーゼルエンジンの進化ぶりはすごいですね。特に日産のディーゼルがいい。どこから踏んでもストレスなく加速する、ねばりのあるディーゼルエンジンです。あまり大きな声ではいえませんが、最高速もあれだけ出れば、申し分ないでしょう）。

新しい技術の開発に関して、私の目から見て、世界のなかでも非常に長けている分野があります。それは、たとえばスバルの「アイサイト」のような技術です。ドライバーが安全に運転するためのサポート装置のような類は、日本の技術者、メーカーの得意とするところです。

当然、海外のメーカーも同じような装置を開発し、実用化させているのですが、細かな制御というか、繊細なタッチというか、そのあたりは日本のほうが実に巧みなのです。

## 中国も韓国も脅威ではない

経済新聞やビジネス雑誌の類は、やたらと中国や韓国の自動車メーカーの話をもちだしては、「日本はだいじょうぶか?」と煽りたてます。

中国自動車工業協会の発表によると、2010年の新車販売台数は1806万台だそうです。これは前年比132・3%アップ、自動車大国であるアメリカよりも650万台も多い数字で、販売台数は2年連続で世界一位です。今年(2011年)は、2000万台を超えるのではないかと予測されています。

さらには、部品メーカーの買収や情報の不正流出問題などもあり、心配の声が大きくなるのも無理はありませんね。

しかし、私は声を大にして「だいじょうぶ」と言いたい。

中国のオリジナル（!?）のクルマは、さすがにまだまだですが、ここ数年の韓国車のできには驚かされます。試乗車に乗るとすぐに実感できますし、おそらく誰が乗ってもその良さは伝わるのではないでしょうか。ほんの10年前までは、お世辞にも〝いい〟とは言えない状態でしたのに……。

日本がのんきにしていられないのは事実ですが、中国をはじめとしたアジアのメーカーは、現状では日本の技術に依存したクルマづくりです。

日本から優秀な技術者が引き抜かれてもいるようですが、いずれにしろ〝日本の技術が買われている〟ことに変わりありません。

日本のクルマづくりには、いまだにヨーロッパのクルマづくりをどうしても越えられない領域があります。日本は戦後、半世紀という時をかけ、欧州のクルマづくりにキャッチアップし、ようやくハイブリッドをはじめとする、日本独自の技術（クルマ）を編みだしました。

ひとつの産業が育つには時間がかかります。誤解を恐れずにいうと、他のアジアのメーカーがよそから技術を買っている状態のままでは、その産業は発展しないと思います。おそらく、戦後の日本が安易に〝ノックダウン〟で商売を続けていたら、今日の日本の自動車産業はなかったでしょう。

自分たちの手で一からつくり、そしてなにより、つくる人間を育てていくことが大切です。それにはやはり時間が必要です……。

幸いなことに、技術者の流出が叫ばれる昨今にあって、自動車関係の技術者はまだいくらでも国内にいます。今後もどんどん若い世代が育ってくるでしょう。

現在、かつての日本が欧米からクルマづくりを学んできたように、アジアの国のメーカーも日本から多くを学んでいます。かつての日本がそうであったように、こまかなところでは、完全にマネをされています。

でも、私はそれでいいと思います。日本の技術は、ちょっとやそっとで枯渇するほど、底の浅いものではありません。世界中のみなさんに、どんどん使っていただきましょう。

日本はまた新しい〝何か〟を生み出せばいいのですから。そういう〝日本〟でいるほうが活気があると、私は思います。

## 日本のブランド力とは何か

フランスを訪れたときのこと。パリ郊外のとある町にスバル・インプレッサが停まっていました。オーナーらしき人物がちょうどそのクルマに乗り込もうとしているタイミングだったので、思わず声を掛けてしまいました。こんな場所でインプレッサを目にするとは思わなかったからです。

その〝スバリスト〟は、なんとイギリス紳士でした。つまり、イギリスからインプレッサＷＲＸを駆ってフランスまで来ていたのです。

私は「スバル車が好きなのですか？」と尋ねました。するとその紳士は「スバルは最高だね」と答えました。少しだけ立ち話をしましたが、そのときの会話のなかで紳士が「もう少し値段が安ければ、若者も手が出せるのに」といったことが印象的でした。紳士は推定60歳。おっしゃることはもっともなのですが、違う見方をすれば「スバル」にはヨーロッパ人にも通用するブランド力があるという解釈もできるのではないでしょうか。

日本であのWRXの〝ブルー〟を見ても、すっかり見慣れているのでなんとも感じませんが、フランスの郊外では正直、かっこよく見えました。安くて、壊れず、使い勝手がいいというのが日本車の大きな魅力ではありますが、そのインプレッサWRXの姿を目にしたとき、日本車はもはや違うステージでも負けない力を持ちあわせていることを確信しました。

スバルの話ばかりになってしまいましたが、トヨタとの提携により、スバルというブランドは今後さらに世界的なブランドとなることでしょう。トヨタにはスバルをプレミアム化させたいという目論見があるのではないでしょうか。スバルには、トヨタにはない、ブランド力があるのですから。

## 工場と作業着文化？

私は日本のメーカーが持つある慣習が大好きです。

それは会社のトップ（上層部）が、工場に行き、技術的な話などをして、現場の人間とコミュニケーションをとることです。

日本の企業文化ではそれほど珍しい光景ではないかもしれませんが、欧州のメーカーはその姿を初めて目にしたとき、たいへん驚いたそうです。

どうやら最近は欧州のメーカーもこの日本の文化を見習いつつあるようです。日本では、本田宗一郎氏がいくつになっても作業着を着て現場にやってくる姿が、多くの人の脳裏に焼き付いているのではないでしょうか。スズキの創業者である鈴木道雄氏も、現場に顔を出してはコミュニケーションをとることで有名でしたね。

日本の自動車メーカーは、一章でも触れましたが、工場の生産ライン（機械）を上手に使い続けています。

日本というと、とかく〝スクラップ&ビルド〟というレッテルを貼られることが多いのですが、こと自動車の生産工場に関してはあてはまりません。昔ながらの、手持ちの〝道具〟を工夫しながら使って、最新のクルマを製造しています。そこに、モノづくり大国としての実力を感じます。

東日本大震災から約2か月が経ち、改めて日本の自動車産業の底力を実感しています。震災直後は調達に不安を抱えていたパーツが500点近くもあると言われていたのに、その2か月後には30点近くまで減少したと報告されています。

夏からの運転再開を予定していた工場などが、次々と前倒しで運転を再開するとの報道がなされています。

そうした記事を読むと、よその町から譲り受けた機械を使って生産をはじめた会社や、工場が地盤沈下したにもかかわらず再開した会社や、部品の調達が間に合わないものは自分たちでつくって生産を再開した会社など、自動車産業はものすごいスピードで復興しつつあるようです。

おそらく、復興した自動車産業は、以前の姿とは違っていると思います。もちろん、進化しているという意味で。

## コラム　徳大寺有恒　特別寄稿

### 愛すべき松本英雄君のこと

時間に正確、ユーモアを解し、好きな歴史上の人物が同じとあらば、相当に親しくなれる。松本君はその手の男だが、ただのオヤジキラーではない。一見不器用に見えて、細かい神経の持ち主でもある。そして何より食事の好みが近い。こうなるとメシを喰いたくなるではないか。そうして親しみはどんどん深まる。

最近、松本君とニューカーの試乗会に行くことが多くなった。日本の自動車は歴史がないから（といってももう半世紀は過ぎているのだが）、どうしても新しいメカニズムや装備にこだわる。クルマの基本的な性能や機能をややもすると忘れがちだ。

その新しい装備のほとんどは首をかしげたくなるものが多いが、中には「こいつは」と思わせるものがある。このこいつに出会うために、せっせと試乗会に通っているわけだ。

松本君も私も新しいクルマの批評が仕事なのだが、自分たちの趣味は旧いクルマにある。彼のアシはトライアンフ2000である。このクルマを私も所有したことがある。特にこのクルマのパワートレーンを持ったトライアンフTR4はよく乗った。

暇ができると旧車を扱う中古車店に行く。その昔イギリスの寓話に〝バスマンズ・ホリディ〟というものがあった。これはバスの運転手が休みに家族とドライブすることを言うのだが、我々も同じである。

このバスマンズ・ホリディ・コンビは、会えばクルマの話ばかりだが、そこから離れると話題は喰いものの話となる。

二人の好みは旧い店で、特に旧い江戸から続く伝統ある味の店が大好きなのだ。大正、昭和の東京料理、洋食やカレーも好きである。むろん価格はリーズナブルで、店は清潔であることはいうまでもあるまい。

そして共通するものがもうひとつ。アルコールがダメということだ。だから蕎麦を喰いながら一杯ということはない。そんな二人が行き着いた店があるのだが、こいつは秘密にしておきたい。考えてみればクルマとレストランは意外に近い。クルマも美味で、美しく、かつ安ければ言うことなしなのだ。

旨いものには目がないが、どうやら若い松本君はカロリーコントロールをやっているらしい。なんたって松本君は独身なのだから。

しかも女性にはいたって初心ときている。このへんは実に可愛らしいのであるが、こちらとしてもどうしようもない。そして彼の家は、名のあるところときているから話はややこしくなる。この件に関してはさしもの私としても積極的になれずにいる。

過日、彼は新しいツイードのジャケットを着用し登場した。聞けば旧い知り合いの洋服屋の仕立だという。たしかにシルエットはクラシックだし、ツイードという素材の力でジャケットとしては専門家が見ても納得するものであった。

そう、彼はオーソドックスでクラシックなのである。しかしその彼を理解する女性がいるかというとチト心配になる。

どうだろう、礼儀正しく、真面目で仕事のできる男である。30代後半から40代はじめで上品という自信がある女性よ、ひとつ私のところに伝えてもらえないだろうか。

2011年5月　徳大寺有恒

# あとがき

私の癖は細部に目を凝らしてしまうことです。クルマのディテールだけをテーマに、雑誌で5年間連載をしてきたほどです。

なぜ、私はディテールにこだわるのか。

それは、ディテールにクルマの本質を垣間見ることができるからです。

新しいモデルが出るたびに、試乗会に赴きます。毎月、世界中の新車に乗っています。ときには、海外まで出かけて行って、新車を試乗することもあります。

クルマに試乗すれば、当然さまざまな感想を抱きますが、普段の私は、あまり批評（批判）めいたことはしません。本書のような形（特に一章）でクルマを語ることは、めったにやりません。

なぜなら、エンジニアが一所懸命につくったクルマだからです。

一会社員として妥協することもあったでしょうし、一開発者としては納得のいかない部分もあったことでしょう。

しかし、できあがった多くの日本車には、決定的な短所は見当たらず、ささいなことはエンジニアの〝心意気〟が、その〝傷〟をカバーしているように思えるからです。

それほどまでに、日本の自動車関連の技術者たちは、情熱に溢れていると私は感じています。

そういった意味でも、日本のエンジニアがつくるクルマを私は心から信頼しています。

今回、徳大寺有恒さんが表紙の帯に推薦文を寄稿してくださいました。

編集部は徳大寺さんに「一文を」と依頼したようですが、私の手元に届いたのはなんと原稿用紙7枚。この分量、ちょっとした連載記事一本分です（ですから、帯に掲載できたのはほんの一部です）。

徳大寺さんとは普段からよく一緒に試乗会に出かけていますし、なにより本書の趣旨に賛同していただいた結果の原稿用紙7枚分だと思い、ありがたく頂戴しました（徳大寺さんの原稿がもったいないので、編集部に頼んで特別にコラムを設け、その一部を掲載してもらいました）。

クルマが大好きで、一所懸命に語るエンジニアの話はたいへん興味深いものです。

独断と偏見ですが、いすゞ、スバル、スズキ、ダイハツ、これらのメーカーのエンジニアに共通していえることは、笑って苦労話をしてくれることです。

しかも、みなさん揃ってその苦労話が個性的！

こういった自動車メーカーの方たちと話していると、日本の自動車にはまだまだ計り知れない可能性があるように思えます。

一方、日本のトップ3の自動車メーカーはどうか。

あたかも台本があるかのように、当たり障りなく、こう訊かれたらこう返すというセオリー通りの、スポークスマン型エンジニアが多いようです……（もちろん、魅力的な方もたくさん存じ上げています！）。

最後になりましたが、まずはこの企画に賛同してくださった二玄社の編集部のみなさん、ありがとうございました。

みなさんのおかげで、本書を刊行することができました。

なかでも編集担当の崎山知佳子さん、ブエノの谷山武士さん、装丁の中野一弘さんには、とてもお世話になりました。

また、営業部のみなさんからはいつも貴重なアドバイスをいただき、本当にありがとうございます。

そしてなにより、いつも私の本を読んでくださっている読者のみなさまには、たいへん感謝しております。重ね重ねお礼を申し上げます。

２０１１年　５月

松本英雄

# 松本英雄

まつもと・ひでお

自動車テクノロジーライター


---

1966年東京都生まれ。

工業高校の自動車科で構造・整備などの実習を教える傍ら、自動車専門誌、ライフスタイル誌等で執筆活動を行う。

著書に『カー機能障害は治る』『通のツール箱』『クルマが長持ちする７つの習慣』『クルマは50万円以下で買いなさい!』（すべて二玄社刊）がある。

# クルマニホン人《じん》

## 日本車の明るい進化論


初版発行　2011年6月30日

著　者　松本英雄
発行者　渡邊隆男
発行所　株式会社　二玄社
東京都文京区本駒込6-2-1
〒113-0021
電話　03-5395-0511
http://www.nigensha.co.jp/
構成・デザイン　bueno
印刷　株式会社　光邦




ISBN978-4-544-40052-6